GONGDIAN QIYE ZUOYE XIANCHANG
DIANXING WEIZHANG TUJIE FENXI

供电企业作业现场典型违章图解分析

输电运检

国网四川省电力公司乐山供电公司　组编

U0300042

中国电力出版社
CHINA ELECTRIC POWER PRESS

内容提要 ▪▪ ▪

　　本书是《供电企业作业现场典型违章图解分析》系列丛书的第三分册——《输电运检》，针对输电运检专业日常管理、运行、检修、带电作业等工作中常见的典型违章行为，以正误对比的方式分别表现正确和典型违章行为，用"风险分析""相关规定""防范措施"三部分文字说明，对每一起典型违章进行解析，便于相关人员学习和掌握，切实提升安全技能和意识。

　　本书紧扣实际工作，可供供电企业安全生产监督、管理人员及一线员工学习、阅读，也可作为安全教育、培训的学习参考资料。

图书在版编目（CIP）数据

　　输电运检/国网四川省电力公司乐山供电公司组编. — 北京：中国电力出版社，2015.6（2017.9重印）
　　（供电企业作业现场典型违章图解分析）
　　ISBN 978-7-5123-7573-4

　　Ⅰ.①输… Ⅱ.①国… Ⅲ.①输电线路—电力系统运行—检修—图解 Ⅳ.①TM726-64

　　中国版本图书馆CIP数据核字（2015）第 075905 号

中国电力出版社出版、发行
（北京市东城区北京站西街 19 号　100005　http://www.cepp.sgcc.com.cn）
北京瑞禾彩色印刷有限公司印刷
各地新华书店经售
*
2015 年 6 月第一版　　2017 年 9 月北京第二次印刷
710 毫米 × 980 毫米　16 开本　8.25 印张　140 千字
印数 2001—4000 册　　定价 36.00 元

《供电企业作业现场典型违章图解分析 输电运检》
编 委 会

主　　任	林双庆　　靳东辉
委　　员	白学祥　　余志军　　兰先平　　黄　海　　黄　敏
	罗　建　　黄文广　　黄跃波　　王　锐
主　　编	余志军
副 主 编	黄文广　　余恒杰　　龚志勇　　张　杰
编写人员	王　勇　　江　涌　　周雪宁　　李春辉　　胡　旭
	文　宇　　王晨鹏　　陈春阳　　余　跃　　杨春清
	涂　震　　张　冀　　段烨伟　　牟福财

前　言

　　为进一步贯彻"安全第一、预防为主、综合治理"的方针，加强安全管理基础工作，国家电网公司根据《中华人民共和国安全生产法》和《国家电网公司安全工作规定》等法律法规及规章制度，于2014年1月印发了《国家电网公司安全生产反违章工作管理办法》，要求深入开展安全生产反违章，健全反违章工作机制，防止违章导致的事故发生。

　　为了配合《国家电网公司安全生产反违章工作管理办法》的宣贯、执行，国网四川省电力公司乐山供电公司组织专业人员，编写了《供电企业作业现场典型违章图解分析》丛书，共四个分册，分别对应变电运维、变电检修、输电运检、配电运检四个安全生产主要专业。

　　长期以来，有关反违章的培训存在着教条化、形式化和不系统、不直观等诸多问题，对违章行为的表现、风险、后果讲述不到位，造成员工安全学习效果不佳。编写人员结合当前安全生产工作实际，以正误对比的方式分别表现电力生产日常作业和管理工作中的正确和典型违章行为，附加简要的"风险分析""相关规定""防范措施"文字说明，使有关安全学习、培训更系统、更直观、更生动、更形象，有助于一线生产人员和管理人员正确学习、理解和执行相关规程制度的内容和要求，有利于增强一线生产人员"识险、避险、排险"的能力，提升现场管理人员查纠违章行为、确保作业现场安全的能力，确保各类作业现场的安全和质量。

　　由于编者水平有限，书中难免有疏漏或不足之处，敬请广大专家和读者斧正。

编　者

2015年3月

目 录

2 输电线路运行典型违章

3 输电线路检修典型违章

4　输电线路带电作业典型违章

① 输电线路公共部分典型违章

1.1 持过期证件进行高处作业

【风险分析】未经培训的作业人员进行高处作业，可能因作业人员不熟悉该特种作业流程及安全注意事项，发生人身伤害或设备损坏事件。

【相关规定】《国家电网公司十八项电网重大反事故措施》（国家电网生〔2012〕352号）1.6.3：严格执行特殊工种、特种作业人员持证上岗制度。

【防范措施】作业前严格审核作业人员资质，经专业培训并取得资格的人员才能进行特种作业，同时对证件来源、是否过期等条件进行严格把关，任何条件不符合相关规定者一律不得进行作业。

1.2 使用过期安全带

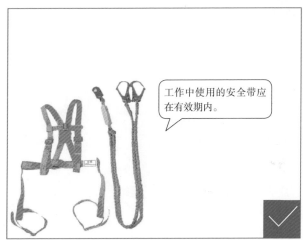

【风险分析】使用超期未检验的安全工器具可能造成人身伤害。

【相关规定】Q/GDW 1799.2—2013《国家电网公司电力安全工作规程 线路部分》
4.2.3：现场使用的安全工器具应合格并符合有关要求。

【防范措施】安全工器具按检验周期进行试验，使用前应进行外观检查，不可超
周期使用，同时在作业前做好安全带冲击试验，确保安全带能有效
使用。

1.3　安全带使用不规范

【风险分析】易发生高空坠落事件。

【相关规定】Q/GDW 1799.2—2013《国家电网公司电力安全工作规程 线路部分》
10.9：安全带的挂钩或绳子应挂在结实牢固的构件或专为挂安全带用
的钢丝绳上，并采用高挂低用的方式。

【防范措施】应使用有后备绳的肩背式、背带式安全带，采用高挂低用的方式，
禁止系挂在移动或不牢固的物件上。

1.4　工作现场未佩戴安全帽

【风险分析】物体打击可能导致人身伤害。

【相关规定】Q/GDW 1799.2—2013《国家电网公司电力安全工作规程 线路部分》
4.3.4：进入作业现场应正确佩戴安全帽。

【防范措施】作业准备阶段应备齐所有人的安全帽，同时认真对安全帽等工器具
外观、有效期进行检查，任何人进入生产现场必须正确佩戴合格的
安全帽。

1.5 工作前未召开班前会

未召开班前会，盲目上杆。

工作前，对工作班成员进行工作任务、安全措施、技术措施交底和危险点告知，并确认每个工作班成员都已签名。

【风险分析】工作班成员不清楚工作任务、危险点，盲目工作，容易造成人身伤害事件。

【相关规定】Q/GDW 1799.2—2013《国家电网公司电力安全工作规程 线路部分》5.3.11.2 c)：工作负责人（监护人）工作前，对工作班成员进行工作任务、安全措施、技术措施交底和危险点告知，并确认每个工作班成员都已签名。

【防范措施】相关部门发挥监督职能，凡工作负责人未组织开展班前会，一律不得开工。同时，管理人员参与班前会，会上严肃纪律，保证班前会的质量，工作班成员人人做到"四清楚"并履行签字确认手续。

1.6 新进员工独立作业

【风险分析】造成人身伤害及设备损坏事件。

【相关规定】Q/GDW 1799.2—2013《国家电网公司电力安全工作规程 线路部分》
4.4.3：新参加电气工作的人员、实习人员和临时参加劳动的人员（管理人员、非全日制用工等），应经过安全知识教育后，方可到现场参加指定的工作，并且不准单独工作。

【防范措施】工作负责人在作业前认真审查相关作业人员的资质，新参加电气工作的人员、实习人员和临时参加劳动的人员，必须经过安全知识培训后，方可到现场参加指定的工作，并安排专人监护。

1.7　一个工作负责人同时执行多张工作票

【风险分析】工作任务混淆，造成安全隐患。

【相关规定】Q/GDW 1799.2—2013《国家电网公司电力安全工作规程 线路部分》
　　　　　　5.3.8.2：一个工作负责人不能同时执行多张工作票。

【防范措施】一个工作负责人只可执行 1 张工作票，若 1 张工作票下设多个小组，
　　　　　　每个小组应指定小组负责人，并使用工作任务单。

1.8 安全技术交底时作业人员未做到"四清楚"

【风险分析】可能造成人身伤害事件。

【相关规定】Q/GDW 1799.2—2013《国家电网公司电力安全工作规程 线路部分》
5.5.1：工作许可手续完成后，工作负责人、专责监护人应向工作班
成员交代工作内容、人员分工、带电部位和现场安全措施、进行危
险点告知，并履行确认手续。

【防范措施】认真开展安全技术交底会，对作业中存在的每一处安全风险点位都
应制定应对措施。开工前再次开展班前会，工作班成员必须熟悉工
作内容、带电部位、现场安全措施和危险点等，并履行确认手续。

1.9　监护人从事与现场无关的工作

监护时玩手机。

认真监护塔上
作业人员。

【风险分析】可能发生触电、高空坠落等人身伤害事件。

【相关规定】Q/GDW 1799.2—2013《国家电网公司电力安全工作规程 线路部分》
5.5.1：工作许可手续完成后，工作负责人、专责监护人应向工作班成
员交待工作内容、人员分工、带电部位和现场安全措施、进行危险点
告知，并履行确认手续，装完工作接地线后，工作班方可开始工作。

【防范措施】工作负责人、专责监护人应严格履行监护职责，禁止在现场做任何
与工作无关的事情，始终将注意力集中在塔上作业人员身上，并
及时纠正不安全的行为。

1.10 工作负责人长时间离开现场不履行变更手续

【风险分析】工作负责人离开现场未履行变更手续，后续工作负责人无法了解现场的安全风险。

【相关规定】Q/GDW 1799.2—2013《国家电网公司电力安全工作规程 线路部分》5.5.3：若工作负责人必须长时间离开工作现场时，应由原工作票签发人变更工作负责人，履行变更手续，并告知全体作业人员及工作许可人。

【防范措施】工作负责人如长时间离开现场，应与工作票签发人取得联系，说明情况，经工作票签发人同意，履行变更手续，并将现场工作开展的详细情况向后续工作负责人交代清楚。

1.11 工作结束后，设备上有遗留物件

【风险分析】易造成设备短路事件。

【相关规定】Q/GDW 1799.2—2013《国家电网公司电力安全工作规程 线路部分》
5.7.1：完工后，工作负责人（包括小组负责人）应检查线路检修地
段的状况，确认在杆塔上、导线上、绝缘子串上及其他辅助设备上
没有遗留的个人保安线、工具、材料等。

【防范措施】完工后，工作负责人（包括小组负责人）必须确认线路主设备及其
他辅助设备上无遗留物，所有工作人员下杆，并拆除所挂接地线后
方可办理终结手续。

1.12 作业现场未按要求设置围栏

【风险分析】可能造成人身触电或高空坠物伤害。

【相关规定】Q/GDW 1799.2—2013《国家电网公司电力安全工作规程 线路部分》
6.6.3：在城区、人口密集区地段或交通道口和通行道路上施工时，
工作场所周围应装设遮栏（围栏），并在相应部位装设标示牌。

【防范措施】在有人活动区域的电力线路上工作，必须悬挂标示牌和装设遮栏（围栏），如在交通要道等处应设专人进行值守，提醒过往行人、车辆注意安全。

1.13　途经地质灾害地带，未采取避让措施

【风险分析】易造成人身伤害事件。

【相关规定】Q/GDW 1799.2—2013《国家电网公司电力安全工作规程 线路部分》
7.1.1：地震、台风、洪水、泥石流等灾害发生时，禁止巡视灾害现
场。灾害发生后，如需要对线路、设备进行巡视时，应制定必要的
安全措施，得到设备运维管理单位批准。

【防范措施】加强安全警示教育，增强作业人员安全意识；途经地质灾害隐患地段，
禁止安排单人工作，且随时保持通信联络，通行时应根据现场实际情
况采取绕行等方法。

1.14 登杆前不核对线路标识

作业人员未核对线路标识，盲目登杆。

作业人员登杆前正在核对线路标识。

【风险分析】误登带电线路，造成触电伤害。

【相关规定】Q/GDW 1799.2—2013《国家电网公司电力安全工作规程 线路部分》8.3.5.5：作业人员登杆塔前应核对停电检修线路的识别标记和线路名称、杆号无误后，方可攀登。

【防范措施】认真开展班前会，工作负责人应告知每位工作班成员正确的停电检修线路的识别标记和线路名称、杆号，作业人员登杆塔再次核对无误后，方可攀登。

1.15 利用塔材上下杆塔

【风险分析】可能造成高空坠落事故。

【相关规定】Q/GDW 1799.2—2013《国家电网公司电力安全工作规程 线路部分》9.2.2：禁止利用绳索、拉线上下杆塔或顺杆下滑。

【防范措施】监护人员首先履行监护职责，发现违规上、下杆塔的立即制止。同时，作业人员上、下杆塔时，必须使用登高工具、设施，如踩板、脚扣、防坠器等。

1.16 使用3m以上无缓冲器的后备保护绳进行作业

【**风险分析**】坠落过程中无缓冲造成人身伤害。

【**相关规定**】Q/GDW 1799.2—2013《国家电网公司电力安全工作规程 线路部分》
9.2.4：在杆塔上作业时，应使用有后备保护绳或速差自锁器的双控
背带式安全带，当后备保护绳超过 3m 时，应使用缓冲器。

【**防范措施**】安全带、绳应有足够的机械强度，材质应有耐磨性，卡环（钩）应
具有保险装置，且后备保护绳超过 3m 时，应使用缓冲器。

1.17 高处作业人员随手上下抛掷工器具、物件

作业人员直接将工器具抛掷。

作业人员使用绳索传递材料。

【风险分析】上下抛掷工器具、物件，易造成人员伤害事件，以及工器具、物件损坏。

【相关规定】Q/GDW 1799.2—2013《国家电网公司电力安全工作规程 线路部分》9.2.5：上下传递物件应用绳索拴牢传递，禁止上下抛掷。

【防范措施】工器具、物件一律不得随意摆放在塔材上，同时上下传递工器具、物件应用绳索拴牢传递，禁止上下抛掷。

1.18　作业人员上、下杆塔未使用防坠装置

作业人员未使用防坠器登杆。

作业人员登杆时使用防坠器。

【风险分析】导致攀爬杆塔过程中失去保护，易发生高空坠落事件。

【相关规定】Q/GDW 1799.2—2013《国家电网公司电力安全工作规程 线路部分》
　　　　　　10.10：钢管杆塔、30m 以上杆塔和 220kV 及以上线路杆塔宜设置作
　　　　　　业人员上下杆塔和杆塔上水平移动的防坠安全保护装置。

【防范措施】高处作业时，必须使用安全带，作业移位时确保时刻有保护，遇有
　　　　　　防坠装置的杆塔使用防坠器，杆上作业横向移位时不失去安全带、
　　　　　　后备绳的保护。

1.19　高处作业移位时失去保护

【风险分析】可能发生高空坠落事件。

【相关规定】Q/GDW 1799.2—2013《国家电网公司电力安全工作规程 线路部分》
　　　　　　10.10：高处作业人员在转移作业位置时不准失去安全保护。

【防范措施】高处作业人员在转移作业位置时，应采取防坠措施进行实时保护，
　　　　　　任何情况下移位均不得失去保护，同时监护人应时刻对塔上人员进
　　　　　　行监护，有违规情况及时制止。

1.20　高处作业人员未每年进行体检

【风险分析】未每年进行体检，将无法及时掌握作业人员身体状况，有可能发生因身体原因引发的不安全事件。

【相关规定】Q/GDW 1799.2—2013《国家电网公司电力安全工作规程 线路部分》10.2：凡参加高处作业的人员，应每年进行一次体检。

【防范措施】按规定每年组织高处作业人员进行体检，掌握高处作业人员身体状况，对身体不适合高处作业人员进行治疗或调整岗位，待身体符合要求时方可恢复高处作业岗位。

1.21 在带电设备周围使用钢卷尺进行测量工作

【风险分析】可能发生触电伤害。

【相关规定】Q/GDW 1799.2—2013《国家电网公司电力安全工作规程 线路部分》
16.1.4：在带电设备周围禁止使用钢卷尺、皮卷尺和线尺（夹有金属丝者）进行测量工作。

【防范措施】在能利用测距仪等远程测量装备的情况下，尽量避免邻近带电设备测量；在带电设备周围应使用测距仪或绝缘工具进行测量工作。

1.22 在带电杆塔上进行邻近带电体作业时不满足安全距离

带电侧线路

距离不足

×

带电侧线路

距离足够

✓

【风险分析】易导致作业人员触电。

【相关规定】Q/GDW 1799.2—2013《国家电网公司电力安全工作规程 线路部分》8.3.1：同杆塔架设的多回线路中部分线路停电或直流线路中单极线路停电检修，应在作业人员对带电导线最小距离不小于表 1-1 规定的安全距离时，才能进行。

【防范措施】工作人员在带电杆塔上进行邻近带电体作业时需使用电力线路第二种工作票，且最小安全距离不小于表 1-1 的规定，工作时必须有专人监护，时刻提醒塔上工作人员注意保持安全距离。

表 1-1 在带电线路杆塔上工作与带电导线
最小安全距离（交流线路）

电压等级（kV）	安全距离（m）	电压等级（kV）	安全距离（m）
10 及以下	0.7	330	4.0
20、35	1.0	500	5.0
66、110	1.5	750	8.0
220	3.0	1000	9.5

1.23 开工前不对工器具进行检查

【风险分析】带有缺陷而未被检查的安全工器具在使用中可能对作业人员和设备安全造成威胁。

【相关规定】Q/GDW 1799.2—2013《国家电网公司电力安全工作规程 线路部分》14.4.2.1：安全工器具使用前的外观检查应包括绝缘部分有无裂纹、老化、绝缘层脱落、严重伤痕，固定连接部分有无松动、锈蚀、断裂等现象。

【防范措施】工作准备阶段，认真清点、检查所要使用的工器具，不合格的工器具一律不得与完好的工器具混用；同时，作业前再次对工器具进行外观、质量检查。

1.24　作业车辆未配备急救箱

未配置急救箱。

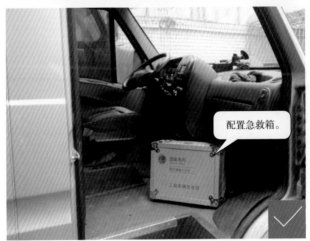

配置急救箱。

【风险分析】有可能发生作业人员意外伤害后无法及时进行急救。

【相关规定】Q/GDW 1799.2—2013《国家电网公司电力安全工作规程 线路部分》
　　　　　　4.2.2：经常有人工作的场所及施工车辆上宜配备急救箱。

【防范措施】在经常有人工作的场所及施工车辆上配备急救箱，存放急救用品，
　　　　　　并应指定专人经常检查、补充或更换。

1.25 拉线塔位于人口密集地区

【风险分析】位于人口密集地区的拉线塔，拉线易遭受外力破坏，进而可能发生倒塔、断线事故。

【相关规定】《国家电网公司十八项电网重大反事故措施》（国家电网生〔2012〕352号）6.1.1.5：新建110 kV及以上架空输电线路在农田、人口密集地区不宜采用拉线塔。

【防范措施】位于人口密集地区的拉线塔，其拉线容易受到人为损坏、盗窃、车辆碰撞等破坏，对于农田、人口密集地区，不采用拉线塔，现有拉线塔也应合理设置计划，逐步更换为自立式铁塔。

1.26　直线型重要交叉跨越塔未采用双悬垂绝缘子串结构

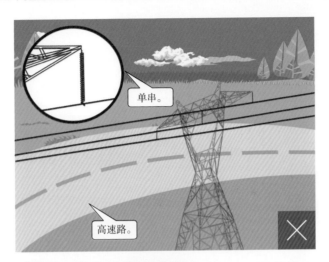

单串。

高速路。

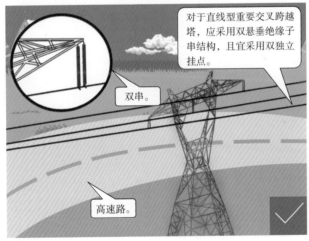

对于直线型重要交叉跨越塔，应采用双悬垂绝缘子串结构，且宜采用双独立挂点。

双串。

高速路。

【风险分析】可能发生掉串，导致重要交叉跨越内社会性群体事件。

【相关规定】《国家电网公司十八项电网重大反事故措施》（国家电网生〔2012〕352号）6.3.2.4：对于直线型重要交叉跨越塔，应采用双悬垂绝缘子串结构，且宜采用双独立挂点。

【防范措施】直线型重要交叉跨越塔，应采用双悬垂绝缘子串结构，并尽量采用双独立挂点，现有单悬垂绝缘子串也应及时列入"反措"计划，逐步改造为双悬垂绝缘子串结构，改造前应加强监控和检查。

1.27 氧气瓶和乙炔气瓶不满足安全距离要求

【风险分析】氧气瓶和乙炔气瓶放置位置不当，出现爆炸伤人等事件。

【相关规定】Q/GDW 1799.2—2013《国家电网公司电力安全工作规程 线路部分》
16.5.11：使用中的氧气瓶和乙炔气瓶应垂直固定放置，氧气瓶和乙炔气瓶的距离不准小于 5m，气瓶的放置地点不准靠近热源，应距明火 10m 以外。

【防范措施】监护人认真履行职责，现场施工现场氧气瓶和乙炔气瓶放置正确，确保安全距离。同时接线应压接牢固，焊把线无破损，绝缘良好；夏天露天作业时，做好遮盖措施。

1.28　氧气瓶及乙炔气瓶不按规定储运

【风险分析】违规储运可能造成爆炸或危险化学品泄漏。

【相关规定】Q/GDW 1799.2—2013《国家电网公司电力安全工作规程 线路部分》
16.5.9：禁止把氧气瓶及乙炔气瓶放在一起运送，也不准与易燃物品
或装有可燃气体的容器一起运送。

【防范措施】易燃、易爆物品、危险化学品或各种气瓶严格按照相关规定储运。
气瓶装在车上，应妥善固定，必须戴好瓶帽，轻装轻卸，严禁抛、
滑、滚、碰；运输可燃气体时严禁烟火，运输工具上应配有灭火器
材，夏季运输应有遮阳设施，避免暴晒。

② 输电线路运行典型违章

2.1 未经考试合格的巡视人员单独巡线

【风险分析】巡视人员对巡视内容、要求、危险点及预控措施不熟悉，易造成设备缺陷未及时发现以及人身安全风险。

【相关规定】Q/GDW 1799.2—2013《国家电网公司电力安全工作规程 线路部分》7.1.1：单独巡线人员应考试合格并经工区批准。

【防范措施】新参加线路巡视的运行人员，应进行相关培训并组织考试，考试合格后同经验丰富的运行人员共同巡视 1 ~ 2 月，方可进行单独巡视。

2.2 巡视遗漏检查项目

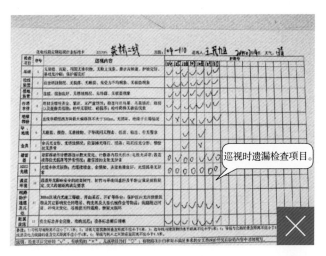

巡视时遗漏检查项目。

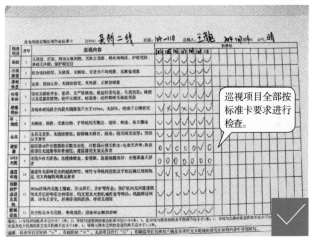

巡视项目全部按标准卡要求进行检查。

【风险分析】线路巡视不全面，导致缺陷不能及时被发现、处理，影响线路健康水平。

【相关规定】DL/T 741—2010《架空输电线路运行规程》6.2.1：设备巡视应沿线路逐基逐档进行并实行立体巡视，不得出现漏点（段），巡视对象包括线路本体和附属设施。

【防范措施】加强班组日常管理和技能培训，提升巡视人员巡视水平；同时，利用线路巡视标准卡、照相机、GPS定位系统、智能巡检系统等技术手段以及加大考核力度的方法，对巡视人员进行行为约束。

2.3　单人进行夜间巡视

【风险分析】单人进行夜间巡视时，无人相互照应，造成不安全事件。

【相关规定】Q/GDW 1799.2—2013《国家电网公司电力安全工作规程 线路部分》
　　　　　　7.1.1：夜间巡线时应由两人进行。

【防范措施】夜间巡视前应制定相应安全措施，配齐相应装备，合理安排人员，
　　　　　　保证两人一组且保持联系畅通。

2.4　单人巡视攀登铁塔

单人巡视攀登铁塔检查缺陷。

巡视人员在监护下攀登铁塔检查缺陷。

【风险分析】失去监护的情况下进行登高作业，工作人员安全、工作质量均得不
　　　　　　到保障。

【相关规定】Q/GDW 1799.2—2013《国家电网公司电力安全工作规程 线路部分》
　　　　　　7.1.1：单人巡线时，禁止攀登电杆和铁塔。

【防范措施】认真组织班前会，并重点强调单人巡视禁止登杆；工作前指定登杆
　　　　　　人员和监护人员，明确登杆检查任务，一人作业、一人监护。

2.5 夜间巡线沿线路内侧进行

【风险分析】如发生断线事故，夜间巡视由于能见度低时沿内侧行走，或大风时沿下风侧巡视，都容易发生触电事故。

【相关规定】Q/GDW 1799.2—2013《国家电网公司电力安全工作规程 线路部分》7.1.3：夜间巡线应沿线路外侧进行。

【防范措施】夜间、大风时巡视时，巡视过程中辨别自身与导线的相对位置。夜间应两人一组，配齐装备，保证照明充足，相互监护、照应。

2.6　自然灾害发生后特巡时未制定安全措施

【风险分析】巡视人员在巡视时可能遇到次生灾害，未制定安全措施，如遇险后不能及时采取应对措施，易造成人身伤害。

【相关规定】Q/GDW 1799.2—2013《国家电网公司电力安全工作规程 线路部分》7.1.1：地震、台风、洪水、泥石流等灾害发生时，禁止巡视灾害现场。灾害发生后，如需要对线路、设备进行巡视时，应制定必要的安全措施，并得到设备运行管理单位批准，并至少两人一组，巡视人员应与派出部门之间保持通信联络。

【防范措施】灾害发生后，如确需对线路、设备进行巡视，应制定预防人身风险的安全措施，配齐相应装备，报设备运行管理单位审批，并向巡视人员交代危险点及预控措施。巡视时两人一组、保持通信畅通。

2.7　暑天巡线未配备防暑药品

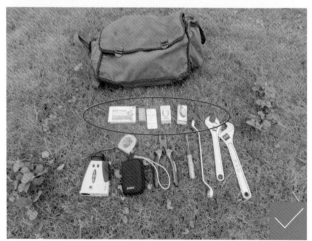

【风险分析】巡视人员在高温天气进行巡视时可能发生中暑等情况，易造成人身安全风险。

【相关规定】Q/GDW 1799.2—2013《国家电网公司电力安全工作规程 线路部分》7.1.2：汛期、暑天、雪天等恶劣天气和山区巡线应配备必要的防护用具、自救器具和药品。

【防范措施】巡视应尽量避开高温等恶劣天气时段，确需在高温等恶劣天气进行巡视时，巡视人员应配备相关药品，并保持通信畅通。

2.8　巡视过程中采用泅渡方式过河

【风险分析】泅渡过河，容易产生溺水等不安全因素。

【相关规定】Q/GDW 1799.2—2013《国家电网公司电力安全工作规程 线路部分》
　　　　　　7.1.3：巡线时禁止泅渡。

【防范措施】巡视途中多观察沿线地形、地貌情况，遇到河流主动避让，寻找合
　　　　　　理巡视路线；必要时联系船只渡河。

2.9　接地电阻测试仪使用方法不规范

zc-8 接地电阻测试仪未放平整。

zc-8 接地电阻测试仪放置平整。

【风险分析】对施工机具、工器具及设备造成损伤，测量不准确。

【相关规定】Q/GDW 1799.2—2013《国家电网公司电力安全工作规程 线路部分》5.3.11.5 c）：正确使用施工机具、安全工器具和劳动防护用品。

【防范措施】作业前，工作人员必须经过培训，能正确使用施工机具和安全工器具；作业时，作业人员有专人监护，发现有违规操作、不正确使用工器具时应制止、纠正。

2.10 解开或恢复接地引线时不戴绝缘手套

【风险分析】作业人员不戴绝缘手套进行作业，容易发生感应电伤人。

【相关规定】Q/GDW 1799.2—2013《国家电网公司电力安全工作规程 线路部分》
7.3.3：解开或恢复杆塔、配电变压器和避雷器的接地引线时，应戴
绝缘手套。禁止直接接触与地断开的接地线。

【防范措施】测试接地电阻，作业人员开展作业前认真对绝缘手套进行检查，并
使用合格的绝缘手套进行相关作业。

2.11　攀登已经锯过的树木

【风险分析】人员在攀登已经锯过或砍过的未断树木或作业过程中易发生因树木突然断裂导致人员坠落的不安全事件。

【相关规定】Q/GDW 1799.2—2013《国家电网公司电力安全工作规程 线路部分》7.4.2：安全带不准系在待砍剪树枝的断口附近或以上。不应攀登已经锯过或砍过的未断树木。

【防范措施】开工前，工作负责人向工作班成员明确要求禁止攀登已经锯过或砍过的未断树木，在工作过程中一旦发现此类情况，立即进行制止；砍剪树木时，安全带不准系在树枝的断口附近或以上。

2.12　砍剪树木时无专人监护

【风险分析】砍剪树木过程中，不确定因素较多，有可能对作业人员、过往行人
　　　　　　及线路本身造成伤害。

【相关规定】Q/GDW 1799.2—2013《国家电网公司电力安全工作规程 线路部分》
　　　　　　7.4.3：砍剪树木应有专人监护。

【防范措施】作业前应进行现场查勘，砍剪树木时必须设置专人监护，且监护人
　　　　　　对现场环境熟悉，并设置围栏。

2.13 砍伐超高树木未控制树木倒向

【风险分析】砍伐超高树木不控制倒向，树木容易倒向导线，造成设备故障、人身伤害。

【相关规定】Q/GDW 1799.2—2013《国家电网公司电力安全工作规程 线路部分》7.4.3：为防止树木（树枝）倒落在导线上，应设法用绳索将其拉向与导线相反的方向。

【防范措施】砍剪树木时，应设法用绳索等工具进行控制，使其向无人、物的空旷地倒下。现场环境复杂时应进行现场查勘，并制定对应的专项安全措施。

2.14　油锯使用时未握住把手

使用油锯未握住把手。

正确使用油锯。

【风险分析】使用油锯砍剪，操作不当容易对人身造成伤害。

【相关规定】Q/GDW 1799.2—2013《国家电网公司电力安全工作规程 线路部分》
7.4.6：使用油锯和电锯的作业，应由熟悉机械性能和操作方法的人
员操作。使用时，应先检查所能锯到的范围内有无铁钉等金属物件，
以防金属物体飞出伤人。

【防范措施】作业人员必须经过专业培训，方能进行油锯和电锯的作业；使用前
认真对油锯、电锯进行检查，查看关键部件是否有损坏。

2.15 对易遭外力碰撞的线路杆塔未设置防撞墩

【风险分析】线路杆塔遭受外力碰撞可能发生倒塔等事故。

【相关规定】《国家电网公司十八项电网重大反事故措施》（国家电网生〔2012〕352号）6.7.2.5：对易遭外力碰撞的线路杆塔，应设置防撞墩，并涂刷醒目标志漆。

【防范措施】对易遭外力碰撞的线路杆塔，不但需要设置防撞墩、涂刷醒目反光标志漆，同时还应悬挂警示牌。

③ 输电线路检修典型违章

3.1　第一种、第二种工作票多次延期

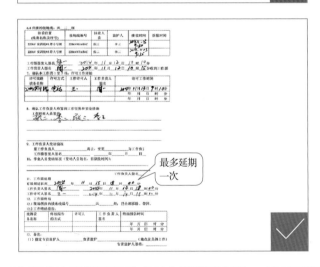

【风险分析】工作票多次延期可能造成工作票管理混乱，甚至可能造成工作票不按期办理工作终结的情况，对安全生产管理存在较大隐患。

【相关规定】Q/GDW 1799.2—2013《国家电网公司电力安全工作规程 线路部分》5.3.9.2：第一、二种工作票的延期只能办理一次。

【防范措施】工作票签发人、工作负责人、工作许可人均应加强工作票管理制度的学习与日常执行力度，工作前科学计划工作安排，尽可能避免发生工作票延期。

3.2 工作负责人未得到所有工作许可人许可即开始工作

【风险分析】有可能造成线路未全部停电情况下人员登杆，发生人身触电伤害。

【相关规定】Q/GDW 1799.2—2013《国家电网公司电力安全工作规程 线路部分》
5.4.1：填用第一种工作票进行工作，工作负责人应在得到全部工作
许可人的许可后，方可开始工作。

【防范措施】工作负责人应在得到全部工作许可人的许可后，方可开始工作。并
做好记录，方可下达可以开始工作的命令。

3.3　验电时未戴绝缘手套

【风险分析】作业人员不按要求佩戴绝缘手套，有可能造成作业人员触电。

【相关规定】Q/GDW 1799.2—2013《国家电网公司电力安全工作规程 线路部分》
　　　　　　6.3.1：验电时应戴绝缘手套。

【防范措施】验电前对绝缘手套进行检查，验电时正确佩戴绝缘手套，验电后按
　　　　　　要求存放绝缘手套。

3.4 作业人员穿越未经验电、接地的线路对上层线路进行验电

【风险分析】可能在穿越过程中发生下层线路对作业人员放电，造成作业人员触电事故。

【相关规定】Q/GDW 1799.2—2013《国家电网公司电力安全工作规程 线路部分》6.3.4：禁止作业人员穿越未经验电、接地的 10（20）kV 线路及未采取绝缘措施的低压带电线路对上层线路进行验电。

【防范措施】对同杆塔架设的多层电力线路进行验电时，遵循先验低压、后验高压，先验下层、后验上层，先验近侧、后验远侧的原则。未验电线路一律视作带电线路，不穿越下层未验电线路对上层线路作业。

3.5 验电时未逐相验电

【风险分析】不排除三相线路中部分带电、部分不带电的可能，未逐相验电便贸然认为线路已不带电，可能造成作业人员触电事故。

【相关规定】Q/GDW 1799.2—2013《国家电网公司电力安全工作规程 线路部分》6.3.4：线路的验电应逐相进行。

【防范措施】开工前将未逐相验电存在的安全隐患写入危险点及预控措施分析，技术交底时强调验电接地安全风险，验电接地人员谨记操作流程，严格按流程操作，监护人应切实履行监护职责，严格执行逐相验电工作流程。

3.6 对未经验电的线路直接挂接地线

【风险分析】有可能造成挂设接地线人员发生人身触电伤害和设备损坏事故。

【相关规定】Q/GDW 1799.2—2013《国家电网公司电力安全工作规程 线路部分》
6.4.1：线路经验明确无电压后，应立即装设接地线并三相短路。

【防范措施】开工前危险点及预控措施技术交底时强调验电接地安全风险，验电
接地人员谨记操作流程，严格按流程操作，监护人应切实履行监护
职责，严格执行停电、验电、装设接地线工作流程。

3.7　擅自变更工作票中指定的接地线装设位置

【风险分析】擅自变更接地位置，可能造成作业人员未处于两端接地保护范围内，
　　　　　　进而可能发生作业人员触电事故。

【相关规定】Q/GDW 1799.2—2013《国家电网公司电力安全工作规程 线路部分》
　　　　　　6.4.2：禁止作业人员擅自变更工作票中指定的接地线位置。

【防范措施】高度重视接地线装设，在工作票中对接地线装设位置及时间进行记
　　　　　　录，装设接地线时专人监护安全并检查装设位置是否正确，禁止作
　　　　　　业人员擅自变更工作票中指定的接地线位置。

3.8 采用缠绕的方法接地

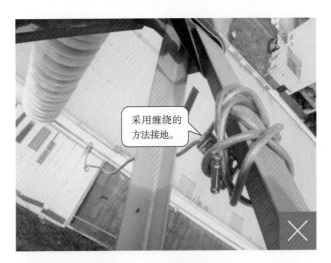

采用缠绕的
方法接地。

正确接地。

【风险分析】有可能因缠绕造成接地体与导线未能有效连通，未能有效接地，进
　　　　　　而造成作业人员触电。

【相关规定】Q/GDW 1799.2—2013《国家电网公司电力安全工作规程 线路部分》
　　　　　　6.4.4：禁止用缠绕的方法进行接地或短路。

【防范措施】接地时使用专用工器具进行连接，确保接地的有效性，要求接地线
　　　　　　截面积大于 $25mm^2$，并禁止使用任何材料替代接地线。

3.9　在装设接地线时先接导线端后接接地端

先挂导线端。

先挂接地端。

【风险分析】先导线侧后接地侧装设可能造成感应电流通过人体形成通路，引发感应电伤人。

【相关规定】Q/GDW 1799.2—2013《国家电网公司电力安全工作规程 线路部分》6.4.5：装设接地线时，应先接接地端，后接导线端。

【防范措施】作业前进行交底说明，强调接地线挂设过程中存在的安全风险与预控措施，作业人员在挂设过程中严格接地线装设流程，监护人切实履行监护职责，防止不安全事件的发生。

3.10　不正确使用个人保安线

【风险分析】邻近、平行、交叉跨越带电线路造成线路可能带感应电，直接接触
　　　　　　或接近导线，将造成感应电伤人。

【相关规定】Q/GDW 1799.2—2013《国家电网公司电力安全工作规程 线路部分》
　　　　　　6.5.1：工作地段如有邻近、平行、交叉跨越及同杆塔架设线路，为
　　　　　　防止停电检修线路上感应电压伤人，在需要接触或接近导线工作
　　　　　　时，应使用个人保安线。

【防范措施】安全技术交底时，将使用个人保安线作为防止触电的危险点防护措
　　　　　　施进行专项强调。同时，作业过程中要求作业人员相互提醒与监督，
　　　　　　使用的个人保安线截面积应不小于 $16mm^2$。

3.11 邻近带电线路工作时，绞车等牵引工具不接地

【风险分析】有可能造成感应电对牵引工作操作人员造成触电伤害。

【相关规定】Q/GDW 1799.2—2013《国家电网公司电力安全工作规程 线路部分》
8.2.2：邻近带电的电力线路进行工作时，绞车等牵引工具应接地。

【防范措施】邻近带电线路工作时，注意防范感应电伤人，对有可能引发感应电
放电的绞车等牵引工具应可靠接地，必要时作业人员应站在绝缘
垫上。

3.12 在同塔多回线路开展部分停电作业时误入带电侧横担

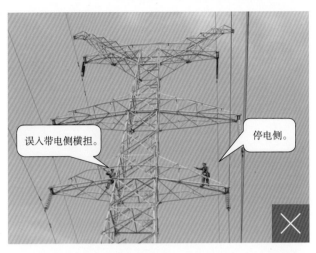

【风险分析】有可能造成作业人员触电。

【相关规定】Q/GDW 1799.2—2013《国家电网公司电力安全工作规程 线路部分》
8.3.6：在杆塔上进行工作时，不准进入带电侧的横担。

【防范措施】在工作安排过程中，注重此处安全隐患，遇到同塔多回线路作业时，
应设置专人监护，落实专人监护效果，提高监护责任心，监护人切
实履行监护职责。

3.13 线路施工时，挖坑前不了解地下设施随意开工

【风险分析】有可能对地下管线造成破坏，进而危及线路施工安全。

【相关规定】Q/GDW 1799.2—2013《国家电网公司电力安全工作规程 线路部分》
9.1.1：挖坑前，应与有关地下管道、电缆等地下设施的主管单位取
得联系，明确地下设施的确切位置，做好防护措施。

【防范措施】挖坑前，与有关地下管道、电缆等地下设施的主管单位取得联系，明
确地下设施的确切位置，并做好防护措施。

3.14 挖坑时坑口堆满浮土

【风险分析】有可能造成坑口垮塌，掩埋或砸伤坑内作业人员。

【相关规定】Q/GDW 1799.2—2013《国家电网公司电力安全工作规程 线路部分》
9.1.2：挖坑时，应及时清除坑口附近浮土、石块。

【防范措施】作业前进行交底说明，告知坑口落物伤人存在的安全风险及预控措
施，将挖出的浮土运至坑口安全距离以外集中堆放。在日常安全巡
视及检查过程中，将清理坑口浮土作为挖坑作业现场重要的检查
项目。

3.15　挖坑时作业人员在坑内休息

【风险分析】有可能发生坑口突然垮塌或坠物伤人事件。

【相关规定】Q/GDW 1799.2—2013《国家电网公司电力安全工作规程 线路部分》
　　　　　　9.1.2：挖坑时，作业人员不准在坑内休息。

【防范措施】作业前进行交底说明，说明挖坑作业危险点及预控措施，为防范垮
　　　　　　塌伤人，要求作业人员必须到坑外休息。利用班前班后会等一切机
　　　　　　会，向挖坑作业人员强调不得在坑内休息的重要性。

3.16 在居民区附近开挖的基坑，不挂警告标示牌 也无坑盖或遮挡

【风险分析】有可能造成过往居民在路况不明的情况下掉进基坑内，造成人员 伤害。

【相关规定】Q/GDW 1799.2—2013《国家电网公司电力安全工作规程 线路部分》 9.1.5：在居民区及交通道路附近开挖的基坑，应设坑盖或可靠遮栏， 加挂警告标示牌，夜间挂红灯。

【防范措施】按要求设坑盖或可靠遮栏，加挂警告标示牌，夜间挂红灯，切实保 证过往居民通行安全。

3.17 人员在杆塔倒落的1.2倍杆塔高度范围内工作

【风险分析】人员距离倒落杆塔距离过近，倒落的杆塔可能对人员造成伤害。

【相关规定】Q/GDW 1799.2—2013《国家电网公司电力安全工作规程 线路部分》9.3.3：立、撤杆塔过程中，除指挥人员及指定人员外，其他人员应在处于杆塔高度的 1.2 倍距离以外。

【防范措施】倒塔等具有一定危险性的作业，作业前应编制专项的作业指导书，指导书中应对防止倒落杆塔伤人做出重点预防，此外，倒塔前现场合理设置安全围栏，非必需的作业人员严禁进入围栏。

3.18　牵引时，利用树木或外露岩石作受力桩

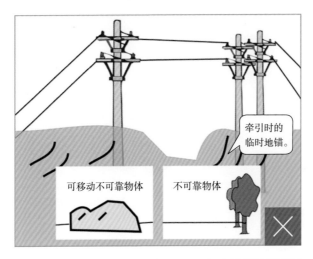

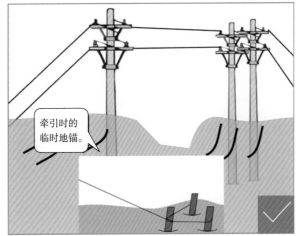

【风险分析】牵引过程中，受力树木或岩石飞出引发事故。

【相关规定】Q/GDW 1799.2—2013《国家电网公司电力安全工作规程 线路部分》
9.3.10：临时拉线不准固定在有可能移动或其他不可靠的物体上。

【防范措施】牵引时，受力桩必须采用可靠、安全、稳定的锚桩，锚桩深度、角
度、材质、设置方式满足相应要求。

3.19 分解组立杆塔，单面吊装时，抱杆倾斜超过15°

【风险分析】可能发生抱杆倾覆、断裂，对作业人员造成伤害。

【相关规定】Q/GDW 1799.2—2013《国家电网公司电力安全工作规程 线路部分》9.3.12：单面吊装时，抱杆倾斜不宜超过 15°。

【防范措施】杆塔作业指导书编制环节便明确抱杆倾斜不宜超过 15°，组立过程中加强监督，时刻提醒作业人员，随时注意风绳受力情况，及时调整抱杆倾斜角度。防止发生抱杆倾覆事件，对下方作业人员及塔材造成伤害。

3.20 杆塔施工中未对临时拉线采取加固措施过夜

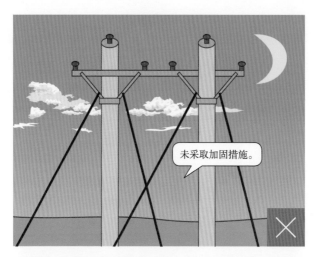

【风险分析】有可能发生临时拉线失效、施工杆塔倾倒等不安全事件。

【相关规定】Q/GDW 1799.2—2013《国家电网公司电力安全工作规程 线路部分》
9.3.14：杆塔施工中不宜用临时拉线过夜；需要过夜时，应对临时拉
线采取加固措施。

【防范措施】尽量不用临时拉线过夜，确实需要过夜时，应对临时拉线采取可靠
的加固措施，必要时，应安排人员进行值守。

3.21　杆塔上有人作业时，随意调整拉线

【风险分析】有可能发生倒杆事故，同时对杆上作业人员造成伤害。

【相关规定】Q/GDW 1799.2—2013《国家电网公司电力安全工作规程 线路部分》
　　　　　　9.3.15：杆塔上有人时，不准调整或拆除拉线。

【防范措施】作业前进行交底，作业中加强小组间统筹，特别注意防止出现不同
　　　　　　作业小组间沟通不畅，造成塔上作业与地面拉线作业小组同时作业
　　　　　　的情况，确保塔上有人作业时严禁调整或拆除拉线。

3.22 放、撤线过程中，跨越公路时未做安全措施

【风险分析】有可能对线路本体及所跨公路过往车辆、行人造成伤害。

【相关规定】Q/GDW 1799.2—2013《国家电网公司电力安全工作规程 线路部分》
9.4.2：交叉跨越各种线路、铁路、公路、河流等放、撤线时，应先取得主管部门同意，做好安全措施。

【防范措施】交叉跨越各种线路、铁路、公路、河流等放、撤线时，应先取得主管部门同意，并做足诸如跨越架、封路、封航、在路口设专人持信号旗看守等安全措施，必要时，请主管部门进行交通管制或指挥交通。

3.23 松紧线时，未按要求采取防止导、地线跳动的后备措施

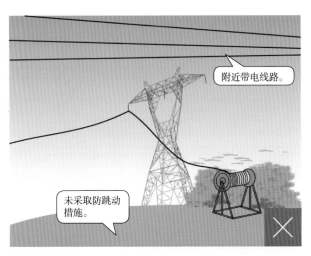

【风险分析】有可能造成导、地线飞至带电线路，造成触电伤人或设备损坏。

【相关规定】Q/GDW 1799.2—2013《国家电网公司电力安全工作规程 线路部分》8.2.3：在交叉档内松紧线、降低或架设导、地线的工作，只有停电检修线路在带电线路下面时才可进行，应采取防止导、地线产生跳动或过牵引而与带电导线接近至表1-1规定的安全距离以内的措施。

【防范措施】松紧线过程中，应落实并检查导、地线防跳动后备措施，设置人员对防跳动后备措施进行监护，防止发生导、地线跳动，造成与带电导线距离过近，影响安全。

3.24　撤线前未检查拉线便进行施工

【风险分析】可能发生倒杆，对作业人员及沿线群众生命财产造成伤害。

【相关规定】Q/GDW 1799.2—2013《国家电网公司电力安全工作规程 线路部分》
9.4.5：紧线、撤线前，应检查拉线、桩锚及杆塔。

【防范措施】作业前进行交底说明，将此类检查工作作为危险点控制措施进行重
点监护，作业前检查拉线、桩锚及杆塔，必要时加固桩锚或加设临
时拉线，做好防倒杆措施。

3.25 处理导线卡、挂住现象时，用手直接拉、推导线

【风险分析】可能发生受力后猛然松开导线飞出，对人员造成伤害。

【相关规定】Q/GDW 1799.2—2013《国家电网公司电力安全工作规程 线路部分》
9.4.3：如遇导、地线有卡、挂住现象，应松线后处理。禁止用手直
接拉、推导线。

【防范措施】放、紧线前检查导、地线有无被卡、挂住的现象，若发现有卡挂，
应在放线前及时将障碍物清除再开展作业。放、紧线过程中发生卡
挂，应松线后处理，处理时操作人员应站在卡线处外侧，采用工
具、大绳等撬、拉导线。禁止任何人站在卡线转角内角侧或线圈内。

3.26 采取突然剪断导、地线的方法松线

【风险分析】导、地线飞出伤人，并可能造成倒杆事件。导、地线落下可能砸伤
　　　　　　线路下方被跨越物。

【相关规定】Q/GDW 1799.2—2013《国家电网公司电力安全工作规程 线路部分》
　　　　　　9.4.6：禁止采用突然剪断导、地线的做法松线。

【防范措施】作业前进行交底说明，将突然剪断导、地线的做法松线列入现场安
　　　　　　全监控重点，严加禁止，并派出监督人员对松线情况严加监督，避
　　　　　　免采取突然剪断导、地线的做法松线情况发生的可能。

3.27　搭设跨越架不悬挂醒目的警告标志牌

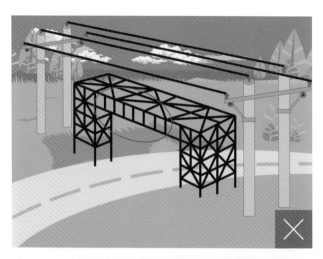

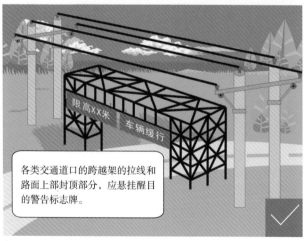

各类交通道口的跨越架的拉线和路面上部封顶部分，应悬挂醒目的警告标志牌。

【风险分析】有可能发生过往车辆撞坏拉线或跨越架事件。

【相关规定】Q/GDW 1799.2—2013《国家电网公司电力安全工作规程　线路部分》9.4.9：各类交通道口的跨越架的拉线和路面上部封顶部分，应悬挂醒目的警告标志牌。

【防范措施】搭设跨越架所使用的材料需经检查、检验，合理编制跨越架搭设方案。跨越架投入使用前必须经过检查，检查验收合格后方可投入使用，且在各类交通道口的跨越架的拉线和路面上部封顶部分，悬挂醒目的警告标志牌，并在跨越架前后明显位置处摆放警告标志牌。

3.28 张力放线过程中，人员从导线下方通过

【风险分析】张力放线过程中，牵引绳、导引绳、导线存在脱落的风险，对下方通过及逗留人员有较大安全隐患。

【相关规定】Q/GDW 1799.2—2013《国家电网公司电力安全工作规程 线路部分》9.4.13.3：在张力放线的全过程中，人员不准在牵引绳、导引绳、导线下方通过或逗留。

【防范措施】在放、紧线过程中加强现场安全管理，对于牵引绳、导引绳、导线下方是否有人员通过、逗留进行重点监护，在放线、紧线及撤线过程中不准任何人站在或跨在已受力的牵引绳、导线的内角侧和展放的导、地线圈内以及牵引绳或架空线的垂直下方。

3.29 高处作业未使用工具袋

【风险分析】不使用工具袋进行高处作业，有可能造成作业过程中工具从高处坠落，发生高空坠物伤人。

【相关规定】Q/GDW 1799.2—2013《国家电网公司电力安全工作规程 线路部分》10.12：高处作业应一律使用工具袋。

【防范措施】给高处作业人员每人配备工具袋，要求高处作业必须使用工具袋。在作业工程中，不得在塔上随意摆放工器具，使用后的工器具必须及时放入工具袋中。

3.30 高处作业时工具随便乱放，无防坠落措施

工器具随意乱放。

杆塔作业应使用工具袋，较大的工具应固定在牢固的构件上，不准随意乱放。上下传递物件应用绳索拴牢传递，禁止上下抛掷。

【风险分析】工具、工件无坠落措施随意乱放，可能造成工具、工件从高处坠落伤及下方人员。

【相关规定】Q/GDW 1799.2—2013《国家电网公司电力安全工作规程 线路部分》10.12：不准随便乱放，以防止从高空坠落发生事故。

【防范措施】作业前进行安全交底，并对工作人员进行专项强调，特别是存在上下层同时作业时，必须高度重视此类违章的杜绝。杆塔作业应使用工具袋，较大的工具应固定在牢固的构件上，不准随便乱放。上下传递物件应用绳索拴牢传递，禁止上下抛掷。

3.31 低温环境下长时间进行高处作业，且未采取保暖措施

【风险分析】不采取有效的保暖措施，可能造成作业人员因手脚冻麻，进而高空坠落。

【相关规定】Q/GDW 1799.2—2013《国家电网公司电力安全工作规程 线路部分》10.16：低温或高温环境下进行高处作业，应采取保暖和防暑降温措施，作业时间不宜过长。

【防范措施】低温环境下高处作业时，应采取保暖防寒措施。持续作业时间不宜过长，适当安排作业人员下塔休息或安排作业人员轮换登杆作业。

3.32　更换绝缘子串用单吊线装置，未采取防止导线脱落的后备保护措施

【风险分析】可能发生导线脱落，造成人员伤亡及被跨越物损伤的不安全事件。

【相关规定】Q/GDW 1799.2—2013《国家电网公司电力安全工作规程 线路部分》
11.1.9：更换绝缘子串和移动导线的作业，当采用单吊（拉）线装置时，应采取防止导线脱落时的后备保护措施。

【防范措施】更换绝缘子串和移动导线的作业，特别注意是否采用的是单吊线装置，如采用单吊线装置，应使用如链条葫芦或钢丝绳等工具对导线进行后备保护，后备保护措施应收紧。

3.33 绞磨牵引绳缠绕少于5圈

4圈。

5圈。

【风险分析】牵引绳缠绕少于5圈将使牵引绳与绞磨摩擦力不足，可能发生尾绳飞出，造成人身伤害和沿线群众生命财产损失的不安全事件。

【相关规定】Q/GDW 1799.2—2013《国家电网公司电力安全工作规程 线路部分》14.2.1.2：牵引绳应从卷筒下方卷入，排列整齐，并与卷筒垂直，在卷筒上不准少于5圈。

【防范措施】作业前进行安全交底，在作业过程中对此条要求严格执行，实时监控牵引绳缠绕圈数，确保牵引绳缠绕不少于5圈，合理配置拉尾绳的人员，保证牵引绳与绞磨接触良好。

3.34 未选择合适的地点便进行地锚掏挖

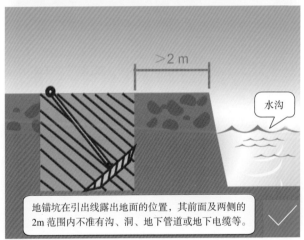

地锚坑在引出线露出地面的位置，其前面及两侧的 2m 范围内不准有沟、洞、地下管道或地下电缆等。

【风险分析】掏挖地点的土质不满足要求，可能发生地锚失效，造成倒杆、断线事故。

【相关规定】Q/GDW 1799.2—2013《国家电网公司电力安全工作规程 线路部分》14.2.2.6：地锚坑在引出线露出地面的位置，其前面及两侧的 2m 范围内不准有沟、洞、地下管道或地下电缆等。

【防范措施】掏挖地锚前注意查勘现场地质及周围环境，要求选择土质相对密实具有一定黏性的地点，因土质直接影响地锚承载性能，且注意避开沟、洞、地下设施。

3.35　导线连接网套末端铁丝绑扎少于20圈

铁丝绑扎少于 20 圈。

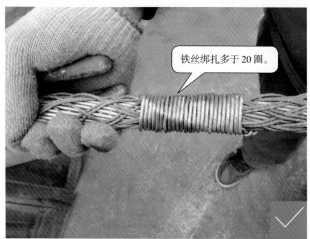

铁丝绑扎多于 20 圈。

【风险分析】可能造成连接网套松脱，最终造成导线与牵引绳或导线与导线松脱。

【相关规定】Q/GDW 1799.2—2013《国家电网公司电力安全工作规程 线路部分》
14.2.3：网套末端应以铁丝绑扎不少于 20 圈。

【防范措施】导线穿入连接网套应到位，网套夹持导线的长度不准少于导线直径
的 30 倍，网套末端应使用铁丝绑扎不少于 20 圈；牵引导线过程中，
应安排专人监控网套连接点情况。

3.36　双钩紧线器受力后有效丝杆长度少于1/5

丝杆受力长度少于 1/5。

丝杆受力长度大于 1/5。

【风险分析】可能造成双钩失效，发生被连接物瞬间脱落，造成人身伤害或倒杆、断线事故。

【相关规定】Q/GDW 1799.2—2013《国家电网公司电力安全工作规程 线路部分》14.2.4：紧线器受力后应至少保留 1/5 有效丝杆长度。

【防范措施】双钩紧线器应经常润滑保养，换向爪失灵、螺杆无保险螺丝、表面裂纹或变形等禁止使用；双钩紧线器有效丝杆长度直接影响双钩紧线器承载性能，紧线器受力后应至少保留 1/5 有效丝杆长度。

3.37 使用变形的抱杆

【风险分析】使用变形、锈蚀的抱杆，易引发抱杆断裂，造成人身伤害事故。

【相关规定】Q/GDW 1799.2—2013《国家电网公司电力安全工作规程 线路部分》

14.2.2.3：抱杆有下列情况之一者禁止使用：

b）金属抱杆：整体弯曲超过杆长的1/600。局部弯曲严重、磕瘪变形、表面严重腐蚀、缺少构件或螺栓、裂纹或脱焊。

【防范措施】作业前对抱杆等工器具进行检查，检查不合格者不得投入使用。作业过程中加强监督，时刻提醒作业人员注意抱杆的使用情况，防止抱杆因作业中不规范使用，而导致抱杆变形、裂纹或脱焊。

3.38　使用老化严重的钢丝绳

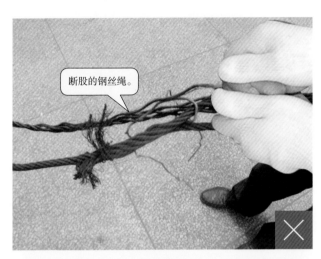

断股的钢丝绳。

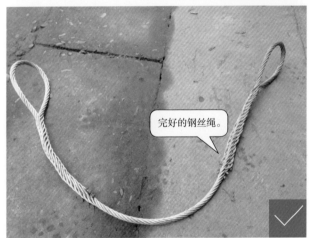

完好的钢丝绳。

【风险分析】可能发生因使用老化、断股、锈蚀严重的钢丝绳，造成钢丝绳断裂的不安全事件。

【相关规定】Q/GDW 1799.2—2013《国家电网公司电力安全工作规程 线路部分》14.2.9.3：钢丝绳遇有下列情况之一者应予报废：

b）钢丝绳的钢丝磨损或腐蚀达到钢丝绳实际直径比其公称直径减少7%或更多者，或钢丝绳受过严重退火或局部电弧烧伤者。

e）钢丝绳压扁变形及表面起毛刺严重者。

【防范措施】严格执行工器具管理制度，钢丝绳等工器具使用完毕入库前检查、入库后保养、使用前检查，在每一个环节对钢丝绳质量及状态进行把控，确保投入使用的钢丝绳满足规程要求。

3.39 钢丝绳不浸油

未浸油。

已浸油。

【风险分析】钢丝绳不浸油可能导致钢丝绳锈蚀、断裂，引发人身或设备安全事故。

【相关规定】Q/GDW 1799.2—2013《国家电网公司电力安全工作规程 线路部分》14.2.9.3：钢丝绳应定期浸油。

【防范措施】严格执行工器具管理制度，落实专人负责，对钢丝绳等需保养的工器具按规章进行定期维护、保养，按规定定期进行浸油防锈，防止无油润滑，影响钢丝绳承载性能。

3.40　不合格的机具与合格的机具混放

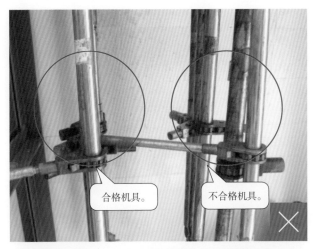

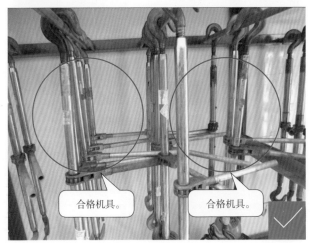

【风险分析】有可能将不合格的机具误当做合格机具领出使用，引发人身或设备安全事故。

【相关规定】Q/GDW 1799.2—2013《国家电网公司电力安全工作规程 线路部分》14.3.3：对不合格或应报废的机具应及时清理，不准与合格的混放。

【防范措施】严格执行工器具管理制度，工器具使用完毕入库前应细致检查，对合格工器具与不合格工器具进行区分，分别堆放，及时组织不合格工器具维修或报废，严禁混放。

3.41 使用未经试验无合格证的安全工器具

未经试验，无合格证。

已经试验，有合格证。

【风险分析】工器具未进行试验，无法确定工器具是否合格，存在工器具失效造成安全事故的风险。

【相关规定】Q/GDW 1799.2—2013《国家电网公司电力安全工作规程 线路部分》14.4.3.3：安全工器具经试验合格后，应在不妨碍绝缘性能且醒目的部位粘贴合格证。

【防范措施】所有工器具应按要求进行试验，试验合格后方可投入使用，试验合格后的工器具应按规定粘贴合格证；使用安全工器具前还应当检查工器具是否有损伤或者变形，如有以上情况，即使贴有合格证的工器具也不能使用。

3.42　戴手套抡大锤

戴手套抡大锤。

抡大锤时应用双手且不准戴手套。

【风险分析】戴手套或单手抡大锤可能发生大锤滑脱，造成人员砸伤。

【相关规定】Q/GDW 1799.2—2013《国家电网公司电力安全工作规程 线路部分》16.4.1.2：禁止戴手套或单手抡大锤。

【防范措施】作业前进行安全交底，将戴手套或单手抡大锤行为作为大锤使用中的重要危险点控制措施，并检查铁锤与手柄的连接情况是否完好；同时，作业人员在抡大锤作业过程中，不准有人靠近，且不得站在抡锤者对面。

3.43　上、下复合绝缘子不使用软梯

脚踏复合绝缘子上、下。

使用软梯上、下复合绝缘子。

【风险分析】可能蹬踏合成绝缘子，造成绝缘子损伤。

【相关规定】《国家电网公司十八项电网重大反事故措施》（国家电网生〔2012〕352 号）6.3.1.3：不得脚踏复合绝缘子。

【防范措施】在复合绝缘子杆塔上作业时，要求作业人员必须配备软梯，上、下复合绝缘子时必须正确使用软梯，杜绝损伤绝缘子，且软梯应在牢固的构件上固定并系牢。

3.44　复合绝缘子均压环装反

反装均压环。

不得反装均压环。

【风险分析】可能造成均压环附近场强畸变，导致复合绝缘子硅橡胶加速老化，影响其憎水性，减少其使用寿命。

【相关规定】《国家电网公司十八项电网重大反事故措施》（国家电网生〔2012〕352 号）6.3.1.3：不得反装均压环。

【防范措施】作业前将均压环安装的技术要求进行交底，施工完成后组织验收，及时发现并整改相应缺陷。

3.45　起重设备超铭牌使用

【风险分析】起重设备超铭牌使用，可能造成起重设备倾覆等不安全事件。

【相关规定】Q/GDW 1799.2—2013《国家电网公司电力安全工作规程 线路部分》11.1.3：起重设备、吊索具和其他起重工具的工作负荷，不准超过铭牌规定。

【防范措施】施工方案编制、机具设备选型应以铭牌标示的工作负荷为依据，合理限定工作负荷，严格控制起重设备起吊重量，使用前应按规定检查起吊所用钢丝绳是否合格，并应检查起吊重物是否拴牢。

3.46 工作人员站在被吊物上指挥

【风险分析】有可能发生高处坠落或钢绳断裂造成人身伤害。

【相关规定】Q/GDW 1799.2—2013《国家电网公司电力安全工作规程 线路部分》
11.1.10：吊物上不许站人，禁止作业人员利用吊钩来上升或下降。

【防范措施】起吊系统存在失效风险，一旦起吊系统失效，被吊物或吊钩上的人
员将随被吊物或吊钩一同从高处坠落，因此作业前进行安全交底，
杜绝此类违章行为，并落实到每个作业人员，在起吊过程中应防止
人员从下方经过和逗留。

3.47　两台链条葫芦起吊重物时，不符合起吊要求

【风险分析】有可能发生链条葫芦断裂事故。

【相关规定】Q/GDW 1799.2—2013《国家电网公司电力安全工作规程 线路部分》14.2.8.2：两台及两台以上链条葫芦起吊同一重物时，重物的重量应不大于每台链条葫芦的允许起重量。

【防范措施】起吊前应检查链条葫芦是否完好以及铭牌标示，不得超负荷使用，使用多台链条葫芦起吊同一重物时，重物的重量不得大于每台链条葫芦的允许起重量，起吊过程中加强监督，时刻提醒作业人员注意链条葫芦工作情况。

3.48　链条葫芦起重时，随意确定拉链人数

【风险分析】随意增加拉链条人数，最终造成链条葫芦失效。

【相关规定】Q/GDW 1799.2—2013《国家电网公司电力安全工作规程 线路部分》
14.2.8.4：不得超负荷使用，起重能力在 5t 以下的允许 1 人拉链，起
重能力在 5t 以上的允许两人拉链，不得随意增加人数猛拉。

【防范措施】作业前进行安全交底，现场指挥人员严格按照规程规定组织拉链人
员数量，不得超数量安排人员，防止拉链条人数过多、拉力过大造
成链条葫芦断裂或失效，且起吊前应检查链条葫芦是否完好以及铭
牌标示，不得超负荷使用。

④ 输电线路带电作业典型违章

4.1 恶劣天气下开展带电作业

【**风险分析**】恶劣天气下绝缘工器具失效，引起线路跳闸并造成人员伤害。

【**相关规定**】Q/GDW 1799.2—2013《国家电网公司电力安全工作规程 线路部分》
13.1.2: 带电作业应在良好天气下进行。如遇雷电（听见雷声、看见
闪电）、雪、雹、雨、雾等，禁止进行带电作业。

【**防范措施**】带电作业前结合当地天气预报，认真观察天气情况，使用风速测量
仪、温度计、湿度计等仪器进行现场测量，满足条件方可进行带电
作业。

4.2 带电作业人员未经考试合格便进行带电作业操作

【风险分析】带电作业人员未经过培训考试合格进行作业，造成作业操作不规范，
危险点辨识不清，发生安全事故。

【相关规定】Q/GDW 1799.2—2013《国家电网公司电力安全工作规程 线路部分》
13.1.4: 参加带电作业的人员，应经专门培训，并经考试合格取得资
格、单位批准后，方能参加相应的作业。

【防范措施】带电作业人员在进行带电作业前应经过专业机构培训合格，并取得
专业证书，方可进行带电作业，在考试合格一年时间内进行带电操
作应指定经验丰富的带电作业人员进行监护。

4.3　工作负责人未履行重合闸许可手续

【风险分析】作业时发生故障跳闸，线路重合对作业人员造成二次伤害。

【相关规定】Q/GDW 1799.2—2013《国家电网公司电力安全工作规程 线路部分》
13.1.8: 带电作业工作负责人在带电作业工作开始前，应与值班调控
人员联系。需要停用重合闸或直流线路再启动功能的作业和带电断、
接引线应由值班调控人员履行许可手续。

【防范措施】需要停用重合闸的带电作业，应严格履行停用重合闸许可手续，并
在工作票上做好相应的记录，工作完毕及时恢复，工作票应保存
一年。

4.4　工器具运输过程中未装在防潮帆布袋内

散运的带电作业工器具。

装好的带电作业工器具。

【风险分析】作业工器具未装防潮袋内容易受潮、污染，使其绝缘性能下降，使用时造成人身伤害。

【相关规定】Q/GDW 1799.2—2013《国家电网公司电力安全工作规程 线路部分》13.11.2.3：带电作业工具在运输过程中，带电绝缘工具应装在专用工具袋、工具箱或专用工具车内，以防受潮和损伤。

【防范措施】运输前使用干燥、洁净的防潮帆布袋将检测合格的带电作业工器具装好，运输时尽可能使用专业带电作业车，作业开始前应使用绝缘电阻表再次进行测试。

4.5　绝缘工器具未检测绝缘电阻

未经绝缘电阻测试。

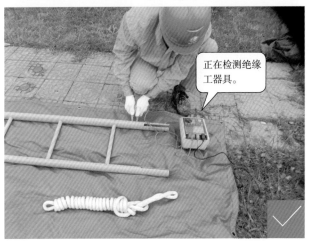

正在检测绝缘工器具。

【风险分析】使用绝缘电阻不合格的工器具，作业过程中引发放电、短路，造成人身伤害、线路跳闸。

【相关规定】Q/GDW 1799.2—2013《国家电网公司电力安全工作规程 线路部分》13.11.2.5：使用 2500V 及以上绝缘电阻表或绝缘检测仪进行分段绝缘检测（电极宽 2cm，极间宽 2cm），阻值应不低于 700MΩ。

【防范措施】带电作业绝缘工器具出库前检查其外观有无破损并进行绝缘电阻测试，测试合格方能装袋上车运往现场，在开始作业前应指定专人再次进行绝缘电阻测试，其绝缘电阻不得小于 700MΩ。

4.6　作业现场工器具随意摆放

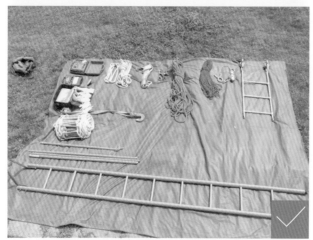

【风险分析】工器具随意摆放易受到污染，绝缘性能下降，使用时发生短接，发生人身伤害事故、线路故障跳闸。

【相关规定】Q/GDW 1799.2—2013《国家电网公司电力安全工作规程 线路部分》13.11.2.4：进入作业现场应将使用的带电作业工具放置在防潮的帆布或绝缘垫上，防止绝缘工具在使用中脏污和受潮。

【控制措施】带电作业工器具现场使用时应整齐地摆放在防潮的帆布或绝缘垫上，并应防止绝缘工具在使用中脏污和受潮，一旦受到污染，使用干净的毛巾擦拭干净，绝缘电阻测试合格后方可继续投入使用。

4.7 带电作业使用非绝缘绳索

【风险分析】使用非绝缘绳索，引起输电线路短路，造成人身伤害、设备损坏。

【相关规定】Q/GDW 1799.2—2013《国家电网公司电力安全工作规程 线路部分》13.2.3：带电作业不准使用非绝缘绳索（如棉纱绳、白棕绳、钢丝绳）。

【控制措施】带电作业应使用绝缘检测合格，外观无损坏、型号相对应且符合起吊设备重量的绝缘绳，在起吊的过程中应使用无极绳方式起吊，起吊时严禁作业人员在下方逗留以免高空落物伤人。

4.8　带电作业未设专人监护

带电作业未设
专人监护。

正在监护带电
作业操作。

【风险分析】未设专人监护不能及时发现、制止违章行为，造成人身伤害及线路
　　　　　　跳闸。

【相关规定】Q/GDW 1799.2—2013《国家电网公司电力安全工作规程 线路部分》
　　　　　　13.1.5：带电作业应设专责监护人。

【控制措施】带电作业监护应安排具备带电作业资质且经验丰富的人员担任，可
　　　　　　及时发现纠正作业人员的不安全行为，监护人不准直接操作，监护
　　　　　　的范围不准超过一个作业点。

4.9 高杆塔作业未增设塔上专责监护人

【风险分析】高杆塔带电作业地面监护不能及时发现和制止作业人员的违章行为，易造成人身伤害，线路跳闸。

【相关规定】Q/GDW 1799.2—2013《国家电网公司电力安全工作规程 线路部分》13.1.5：复杂或高杆塔作业必要时应增设（塔上）监护人。

【控制措施】复杂或高杆塔带电作业，塔上应设立专责监护人，可及时发现纠正作业人员的不安全行为，监护人必须由具备资质、作业经验丰富的人员担任。

4.10 地电位作业人员与带电体安全距离不足

安全距离不足。

【风险分析】易发生带电体对地电位作业人员放电，造成人身伤害，设备跳闸。

【相关规定】Q/GDW 1799.2—2013《国家电网公司电力安全工作规程 线路部分》13.2.1：进行地电位带电作业时，人身与带电体间的安全距离不准小于表 4-1 的规定。

【控制措施】地电位作业人员时刻注意人体对带电体距离必须满足表 4-1 要求，并留有余度，监护人应时刻监护地电位作业人员与带电体的安全距离。

表 4-1 带电作业时人身与带电体的安全距离

电压等级（kV）	10	35	66	110	220	330	500	750	1000	±400	±500	±660	±800
距离（m）	0.4	0.6	0.7	1.0	1.8 (1.6)	2.6	3.4 (3.2)	5.2 (5.6)	6.8 (6.0)	3.8	3.4	4.5	6.8

4.11 等电位作业人员沿平梯进入电场时组合间隙不足

【风险分析】进入电场时组合距离不足，会发生带电体对人体放电，造成人身伤害，线路跳闸。

【相关规定】Q/GDW 1799.2—2013《国家电网公司电力安全工作规程 线路部分》13.3.4：等电位作业人员在绝缘梯上作业或者沿绝缘梯进入强电场时，其与接地体和带电体两部分间隙所组成的组合间隙不准小于表4-2的规定。

【控制措施】等电位作业人员在使用绝缘梯（平梯）作业，进入电场过程中尽量减小动作幅度，必须满足表4-2要求，并留有余度。

表4-2　　　　　　　　等电位作业中的最小组合间隙

电压等级（kV）	66	110	220	330	500	750	1000	±500	±660	±800
距离（m）	0.8	1.2	2.1	3.1	3.9	4.9	6.9 (6.7)	3.8	4.3	6.6

4.12 带电作业时绝缘工器具有效绝缘长度不够

【风险分析】使用绝缘工器具有效绝缘长度不够，易发生带电体对人体放电、线路跳闸。

【相关规定】Q/GDW 1799.2—2013《国家电网公司电力安全工作规程 线路部分》13.2.2：绝缘操作杆、绝缘承力工具和绝缘绳索的有效绝缘长度不准小于表4-3的规定。

【控制措施】作业开始前检查工器具有无缺损，绝缘电阻值应不低于700MΩ，应使用符合电压等级长度的绝缘工器具，绝缘工器具严禁带缺陷使用。

表4-3 绝缘工具最小有效绝缘长度

电压等级（kV）	有效绝缘长度（m）		电压等级（kV）	绝缘工具最小有效绝缘长度（m）
	绝缘操作杆	绝缘承力工具、绝缘绳索		
35	0.9	0.6	1000	6.8
110	1.3	1.0	±400	3.75
220	2.1	1.8	±500	3.7
330	3.1	2.8	±660	5.3
500	4.0	3.7	±800	6.8
750	5.3	5.3		

4.13 等电位作业人员未穿阻燃内衣

【风险分析】如遇到屏蔽服发生短路引起衣服燃烧，对人体造成更大伤害。

【相关规定】Q/GDW 1799.2—2013《国家电网公司电力安全工作规程 线路部分》
13.3.2：等电位作业人员应在衣服外面穿合格的全套屏蔽服（包括帽、
衣裤、手套、袜和鞋，750kV、1000kV 等电位作业人员还应戴面罩）
且各部分应连接良好。屏蔽服内还应穿着阻燃内衣。

【控制措施】等电位作业人员必须穿戴检测合格的全套屏蔽服、阻燃内衣，工作
开始前应由工作负责人再次检查屏蔽服各连接点是否连接良好。

4.14 带电更换绝缘子未穿屏蔽服拆除靠近横担的第一片绝缘子

未穿屏蔽服拆除第一片绝缘子。

穿屏蔽服拆除第一片绝缘子。

【风险分析】碗头脱离时发生放电，造成感应电伤人。

【相关规定】Q/GDW 1799.2—2013《国家电网公司电力安全工作规程 线路部分》13.2.5：在绝缘子串未脱离导线前，拆、装靠近横担的第一片绝缘子时，应采用专用短接线或穿屏蔽服方可直接进行操作。

【控制措施】工作监护人严格履行监护职责，并督促地电位作业人员按严格作业流程穿戴好全套屏蔽服或使用短接线进行拆、装靠近横担第一片绝缘子，防止感应电伤人。

4.15 良好绝缘子片数不满足要求时仍进行带电作业

【风险分析】绝缘子良好片数不满足，绝缘电气性能不足，强行进行带电作业，极易发生放电，对作业人员造成伤害、线路跳闸。

【相关规定】Q/GDW 1799.2—2013《国家电网公司电力安全工作规程 线路部分》13.2.4：带电更换绝缘子或在绝缘子串上作业，应保证作业中良好绝缘子片数不少于表 4-4 的规定。

【控制措施】带电作业如果需要进入电场，或靠近绝缘子串作业时，需要在作业开始前进行绝缘子零值检测，发现低于表 4-4 规定时应立即停止作业。

表 4-4 良好绝缘子最少片数

电压等级（kV）	35	66	110	220	330	500	750	1000	±500	±660	±800
片数	2	3	5	9	16	23	25	37	22	25	32

4.16 带电更换绝缘子作业前不进行绝缘子零值检测

【风险分析】低于良好绝缘子片数时，作业会发生放电，对作业人员造成伤害、线路跳闸。

【相关规定】Q/GDW 1799.2—2013《国家电网公司电力安全工作规程 线路部分》13.2.4：带电更换绝缘子或在绝缘子串上作业，应保证作业中良好绝缘子片数不少于表4-4的规定。

【控制措施】带电更换绝缘子或在绝缘子串上作业时，应按照《安规》规定进行零值绝缘子检测，低于表4-4规定时应立即停止作业。

4.17 等电位作业人员作业时与接地体距离不满足要求

与接地体距离不够。

【风险分析】等电位作业人员与接地体距离不满足相关规定，造成人员触电伤亡、
线路 跳闸。

【相关规定】Q/GDW 1799.2—2013《国家电网公司电力安全工作规程 线路部分》
13.3.3：等电位作业人员对接地体的距离应不小于表 4-1 的规定。

【控制措施】等电位作业人员在进行作业时，专责监护人应随时监控并提醒等电
位作业人员注意与接地体的距离，当发现距离不足时，及时制止并
纠正不安全行为，确保满足表 4-1 规定。

4.18　修补导、地线时截面积小于《安规》规定

在连续档距的导、地线上挂梯（或飞车）时，其导、地线的截面不准小于：铜芯铝绞线和铝合金绞线 120mm²；钢绞线 50mm²（等同 OPGW 光缆和配套的 LGJ—70/40 导线）。

【风险分析】作业人员出线后，易发生断线造成人员伤亡。

【相关规定】Q/GDW 1799.2—2013《国家电网公司电力安全工作规程 线路部分》13.3.8.1：在连续档距的导、地线上挂梯（或飞车）时，其导、地线的截面不准小于：钢芯铝绞线和铝合金绞线 120mm^2；钢绞线 50mm^2（等同 OPGW 光缆和配套的 LGJ–70/40 导线）。

【控制措施】作业开始前应组织现场查勘，核对导、地线型号和截面积，当截面积小于《安规》规定时应禁止作业。

4.19 未使用绝缘绳索传递工具或材料

【风险分析】等电位作业人员在需要工器具时，未使用绝缘工具（绳索）传递，而使用其他非绝缘材料进行传递，易发生短路、放电，造成作业人员伤亡。

【相关规定】Q/GDW 1799.2—2013《国家电网公司电力安全工作规程 线路部分》13.3.7：等电位作业人员与地电位作业人员传递工具和材料时，应使用绝缘工具或绝缘绳索进行，其有效长度不准小于表4-3的规定。

【控制措施】作业人员应该按照要求，在传递工器具时使用绝缘检测合格的绝缘工具（绳索）进行传递、使用，严禁抛扔，或使用普通绳索传递。

4.20 带电作业时线路突然停电，作业人员
按照停电作业进行操作

【风险分析】线路可能突然恢复供电，造成人身伤害事故。

【相关规定】Q/GDW 1799.2—2013《国家电网公司电力安全工作规程 线路部分》13.1.9：在带电作业过程中如设备突然停电，作业人员应视设备仍然带电。工作负责人应尽快与调控人员联系，值班调控人员未与工作负责人取得联系前不准强送电。

【控制措施】带电作业人员在带电作业过程中如遇停电，应视设备仍然带电，按照带电作业流程进行作业，工作负责人应尽快与调控人员联系，问明情况和原因，再决定是否结束作业。

4.21　等电位作业人员屏蔽服连接点未连接良好

【风险分析】等电位作业人员在进入电场时，如果屏蔽服连接点未连接好，屏蔽服连接点会对人体造成伤害，受电击伤害作业人员可能发生高空坠落。

【相关规定】Q/GDW 1799.2—2013《国家电网公司电力安全工作规程 线路部分》13.3.2：等电位作业人员应在衣服外面穿合格的全套屏蔽服（包括帽、衣裤、手套、袜和鞋，750kV、1000kV 等电位作业人员还应戴面罩），且各部分应连接良好。

【控制措施】等电位作业人员穿戴好全套屏蔽服，连接好屏蔽服上各部分连接点，在作业开始前由工作负责人进行再次检查，确认各连接点连接良好后方可开始工作，在脱离电场前应再次检查屏蔽服上的连接点是否脱落。

4.22 带电作业约时停用、恢复重合闸

【风险分析】可能带电作业未结束，恢复重合闸、作业操作不当时造成二次伤害。

【相关规定】Q/GDW 1799.2—2013《国家电网公司电力安全工作规程 线路部分》
13.1.7：禁止约时停用或恢复重合闸及直流线路再启动功能。

【控制措施】工作结束后工作负责人应及时恢复重合闸。严禁在工作结束后不履
行重合闸手续，严禁约时停用、恢复重合闸。